MÉMOIRE

SUR

LA CONSTITUTION GÉOLOGIQUE

DE LA CHAINE DES ANDES

ENTRE LE 16ᵉ ET LE 53ᵉ DEGRÉ DE LATITUDE SUD

PAR

M. PISSIS

PARIS

DUNOD, ÉDITEUR,

LIBRAIRE DES CORPS DES PONTS ET CHAUSSÉES ET DES MINES,

Quai des Augustins, 49.

1873

1966. — Paris. — Imprimerie Arnous de Rivière et Cie, rue Racine, 26.

MÉMOIRE

SUR

LA CONSTITUTION GÉOLOGIQUE

DE LA CHAINE DES ANDES

ENTRE LE 16e ET LE 53e DEGRÉ DE LATITUDE SUD

Les différentes chaînes de montagnes dont l'ensemble forme la cordillère de l'Amérique du Sud viennent se réunir un peu au nord du lac de Ticaca, puis se séparent de nouveau, laissant entre elles un vaste espace dont l'altitude moyenne est de 4.000 mètres; c'est le plateau bolivien. La chaîne orientale se relève brusquement près du 16e degré, et après avoir réuni l'Ancohun et l'Illimani, considéré pendant longtemps comme les plus hautes cîmes de l'Amérique, elle s'étend vers le sud-est en s'écartant de plus en plus de la chaîne occidentale. Celle-ci commence à peu près sous la latitude du volcan d'Arequipa, passe par le Tacora, le Saajama, le volcan de Polapi, et vient s'éteindre près de Calama, où elle est coupée par la vallée du rio Loa. Enfin, de l'extrémité de la chaîne orientale se détache à la hauteur de Potosi un dernier rameau qui se dirige d'abord vers le sud-sud-ouest jusque sous le 28e degré, puis presque directement au sud. Ce rameau forme les Andes du Chili, et s'étend sans interruption jusqu'au détroit de Magellan. C'est la constitution géologique de l'espace situé à l'ouest de ces grandes lignes qui a été plus particulièrement l'objet de mes études et dont je vais essayer d'esquisser les traits principaux.

Si l'on part des côtes du Pacifique en se dirigeant directement vers l'est ou, plus exactement, en suivant à peu près le parallèle qui correspond au 18e degré, on marche d'abord sur des couches sableuses d'origine très-récente et qui recouvrent des conglomérats volcaniques. Arrivées aux premiers contre-forts des Andes, ces couches sont remplacées par des grès, des marnes et des calcaires (*), qui, à leur tour, cèdent la place à une grande formation de roches plutoniques, principalement formée de porphyres et de syénites. Après avoir traversé cette formation, on pénètre dans la vaste région volcanique où se trouvent le Tacora et le Saajama, et qui s'étend jusqu'à la plaine où coule le Desaguadero; ici des couches lacustres, recouvertes par le terrain de transport ou des conglomérats ponceux, s'étendent jusqu'à la base de la chaîne orientale; alors s'élèvent les roches anciennes qui ferment à l'est ce vaste bassin, les grès, les quartzites et les schistes cristallisés, s'appuyant sur le granite qui se montre, soit sur l'axe, soit à la base orientale de cette chaîne; enfin le gneiss occupe la grande région où coulent les affluents du rio Madeira. Tel est l'ensemble des terrains qui forment cette partie de l'Amérique; on voit que les terrains stratifiés et les masses plutoniques s'y partagent à peu près l'espace. Plus au sud, on rencontre encore les mêmes formations, mais elles y sont disposées dans un autre ordre; si l'on part de la baie de Talcahuano pour se diriger vers la chaîne des Andes, on rencontre d'abord des sables semblables à ceux qui se montrent entre Arica et Tacna (**), puis les schistes cristallisés forment le côté occidental de la chaîne maritime; ils s'appuient sur une grande masse de granite qui supporte à l'est des grès et des quartzites semblables à ceux de la Bolivie; ces roches disparaissent sous les couches lacustres qui occupent ici le fond de la grande vallée longitudinale et se montrent de nouveau à la base des Andes où elles sont recouvertes par

(*) Pl. X. Coupe du plateau bolivien.
(**) Pl. X. Coupe du Chili.

des grès rouges. Une zone syénitique interrompt ces formations et sert de base aux produits volcaniques qui, dans cette partie, occupent l'axe des Andes; puis à l'est de cette ligne, sur les plateaux élevés qui se rattachent aux pampas de la République argentine, on voit reparaître le grès rouge, les argiles, les marnes et les calcaires.

TERRAINS STRATIFIÉS.

Il résulte de cet aperçu général que les couches les plus anciennes de cette partie de l'Amérique, celles sur lesquelles s'appuient toutes les autres formations, sont formées par les schistes cristallisés. Dans la Bolivie, ces schistes forment tout le versant oriental des Andes; ce sont des schistes satinés qui alternent avec des couches de quartzite et de schiste siliceux. Le gneiss ne se montre pas immédiatement au-dessous de ces schistes; il en est séparé par le granite. Au Chili, les roches de cette formation sont à peu près les mêmes; elles se montrent au bord de la mer et forment une grande partie de la chaîne maritime (*). Entre le 38e et le 41e degré, on peut observer la série complète de ces roches depuis le gneiss jusqu'au schiste ardoisier; le gneiss y occupe la partie inférieure, viennent ensuite des schistes satinés maclifères à feuillets contournés et qui enveloppent de grands amas lenticulaires de quartz laiteux. A ces schistes succèdent des quartzites micacés très-régulièrement stratifiés et qui alternent avec les couches de schiste satiné. Enfin le schiste ardoisier termine cette série. Ce terrain continue à se montrer en s'avançant vers le nord, mais la série n'est plus aussi complète; souvent on n'aperçoit que les schistes satinés, d'autres fois c'est le gneiss seul qui se montre, et à partir du 33e degré, on n'en rencontre plus que des lambeaux qui s'éloignent peu de la mer, comme ceux

(*) Pl. IX.

de Pichidanqui, de Coquimbo et de Chañaral. Enfin, ce terrain se rencontre encore dans quelques parties de la chaîne des Andes, dans la vallée du rio Grande et dans celle du Huasco. Les restes organisés y manquent absolument ; ni les terrains de la Bolivie ni ceux du Chili n'en ont présenté aucune trace.

TERRAINS SILURIENS ET DÉVONIENS.

Au-dessus des schistes cristallisés se montre une série de couches composées de grès lustrés, de psammite et d'un grès schistoïde micacé. Ces roches se montrent sur le versant occidental des Andes de Bolivie, où elles s'appuient directement et en stratification concordante sur les schistes cristallisés ; elles forment la base de l'Illimanie et la chaîne qui s'étend de là vers Potosi et Chuquisaca. Les fossiles y sont rares ; cependant on y trouve des trilobites, tels que l'Homalonotus Linares, le Phacops latifrons, le P. Pentlandii, des brachiopodes, tels que l'orthis Andii et l'orthis aimara, et des empreintes de fucus.

Ces fossiles, rapportés par les paléontologistes à des époques différentes, s'y rencontrent souvent dans une même couche.

Le même terrain se montre au Chili depuis le détroit de Magellan jusque dans le désert d'Atacama (*). Près de l'extrémité sud il s'appuie sur les roches syénitiques qui forment l'axe des Andes, et continue à se montrer ainsi par intervalles jusque sous le 37e degré. Au nord du Biobio, on le voit former à l'est de la chaîne maritime, dont il est séparé par le granite, une petite chaîne qui s'étend de là jusqu'au rio Cachapoal. Entre le Biobio et le Maule, le terrain se compose de grès, de psammites et de schiste anthraciteux ; il contient quelques empreintes végétales, mais on n'y a rencontré qu'une seule petite coquille qui paraît être

(*) Pl. IX.

une posidomie. A mesure que l'on avance vers le nord, ce terrain éprouve dans sa composition des changements remarquables : les grès y sont remplacés par des roches porphyriques et les schistes deviennent siliceux ; c'est dans cet état qu'il se montre dans tout le nord du Chili. A cause de son grand développement, ce terrain doit correspondre à plusieurs formations de l'Europe ; mais ici rien ne peut motiver une séparation, ni la discordance des strates, ni leur composition; elles s'y succèdent les unes aux autres avec un parallélisme remarquable, et lorsqu'elles changent de composition, ce changement a lieu graduellement. Tout porte à croire que ce terrain est ici le représentant de la série des formations qui s'étendent du terrain carbonifère au terrain silurien inférieur.

TERRAIN PERMIEN.

Les couches de grès rouge s'appuient sur cette grande formation ; le plus souvent elles sont formées de conglomérats, de poudingues et de grès plus ou moins fins, presque toujours colorés en rouge par l'oxyde de fer, quelquefois en vert par un silicate analogue à la chlorite, ou en gris jaunâtre par le fer hydraté. Ce terrain se montre sur le plateau bolivien des deux côtés de la chaîne occidentale, formant ainsi deux zones séparées entre elles par les roches plutoniques. On le rencontre au sud du lac de Titicaca, où il s'étend entre Saint-André et Corocoro ; de là il se dirige vers le sud, où il forme une partie des montagnes de Saint-Miguel et de Carangas ; puis il reparaît dans le désert d'Atacama, aux mines de Saint-Bartolo, près d'Atacama, dans les cordillères de Varas et la vallée de Ternera; il forme ensuite une grande partie des Andes chiliennes, dont il occupe souvent les sommets les plus élevés, et se montre ainsi jusque sous le 37e degré (*).

(*) Pl. IX.

La zone occidentale est beaucoup moins étendue ; elle commence au môle d'Arica et s'étend le long de la côte jusqu'à la vallée du rio Loa. Au sud de cette vallée, le grès rouge forme encore une partie des montagnes de Cobija, puis il se montre des deux côtés de la chaîne maritime jusqu'au parallèle de Chañaral de las Animas, où il est définitivement remplacé par des roches plus anciennes.

Les seuls fossiles qui se sont rencontrés dans ce terrain sont des restes de végétaux ; dans la vallée de la Ternera il renferme quelques couches d'anthracite, des empreintes de fougère et de voltzia, dans un grand nombre de localités des tiges silicifiées ou carbonisées qui paraissent se rapporter au même genre ; enfin dans la cordillère de Pillanmauida, qui s'élève à l'est du lac de la Laja, il renferme une grande quantité de tiges de calamites.

Les roches de grès rouge ont une grande tendance à passer à l'état porphyrique ; c'est presque toujours ainsi qu'elles se présentent sur le versant occidental des Andes chiliennes ; le grès et les poudingues de Pillanmauida sont de vraies roches porphyriques et les tiges de calamites y sont souvent entourées de cristaux de feldspath.

TRIAS.

Des couches arénacées et argileuses colorées de vert et de rouge, et dans lesquelles on rencontre souvent du gypse et du sel gemme, viennent s'appuyer sur la formation du grès rouge, mais se montrent aussi dans d'autres localités où elles recouvrent des terrains plus anciens et constituent ainsi une formation indépendante. Elles occupent sur le plateau bolivien une grande partie de l'espace compris entre Saint-André et Santiago de Machaca, et forment plus à l'est la partie supérieure de la cordillère de Quinsacruces. Bien que cette formation ne se présente qu'en lambeaux ordinairement séparés par d'assez grands intervalles, on peut néanmoins la suivre au sud du plateau bolivien, jusque sous le 37e degré, où elle se montre tantôt sur le sommet des Andes, comme à la montagne d'Aconcagua au Juncal, aux Piuquenos et dans la cordillère de Pillanmauida, tantôt dans la vallée longitudinale depuis le désert d'Atacama, où elle apparaît près de Limon-Verdes du Cerro-Negro, etc., jusque dans la province d'Aconcagua. On n'a rencontré jusqu'à présent dans ces couches aucun fossile qui permette de les classer paléontologiquement ; mais leur situation entre le grès rouge et la formation dont nous allons parler indique qu'elles doivent correspondre au terrain du trias.

TERRIAN JURASSIQUE.

Ce terrain ne se rencontre pas sur le plateau bolivien, il commence à se montrer dans le désert d'Atacama et s'étend de là jusqu'au 34e degré, formant des lambeaux plus ou moins étendus qui occupent soit le sommet des Andes, soit certaines parties de la vallée longitudinale. A l'est de cette chaîne, il se prolonge un peu plus vers le sud et arrive près du 38e degré, où il forme la montagne de Caicayen et le petit chaînon qui la rattache au Cerro Florido. Les roches qui constituent ce terrain sont des grès calcarifères, des marnes, des calcaires et des silex. Les grès occupent la partie inférieure, les marnes la partie moyenne où elles alternent avec des couches calcaires, et des calcaires compactes très-souvent siliceux en forment la partie supérieure. Cette série de couches repose le plus souvent en stratification concordante sur les argiles du trias ; mais on la rencontre aussi s'appuyant directement sur le gneiss comme cela a lieu un peu au sud des mines de Chanarcillo (*). Les fossiles abondent dans ce terrain, et plusieurs espèces sont les mêmes que celles des couches jurassiques de l'Eu-

(*) Pl. IX.

rope. Les grès renferment le Belemnites giganteus, l'Ammonites canaliculatus, l'A. bifurcatus, l'Ostrea arcuata, le Spirifer tumidus, les Terebratula perovalis, ornitocephala et tetraedra. C'est là aussi que se rencontre le turitella Andii et des trigonies voisines du trigonia catenata. C'est par conséquent la faune du lias. Dans les marnes abondent les ammonites, les pholadomies, les pecten, les huîtres et les térébratules; plusieurs de ces fossiles appartiennent encore au lias, mais d'autres paraissent se rapporter à la partie inférieure des terrains crétacés ; ils sont quelquefois réunis dans un si petit espace qu'il est bien difficile d'y voir deux formations différentes. C'est ainsi que l'Ammonites fimbriatus, l'A. radians se trouvent associées, sinon dans la même couche, mais séparées seulement par une épaisseur de quelques mètres avec l'Ammonites gemmatus, l'A. macrocephalus, le crioceras Duvilii et le nautilus chilensis. C'est encore dans ces mêmes couches que se rencontrent les pholadomias fidicula, attenuata, acosta, etc., les pecten, alatus, abnormis, l'ostræa gregarea, l'O. cybium et l'O. santiaguensis, enfin l'O. columba. Les calcaires compactes qui recouvrent ces couches marneuses ne renferment presque point de fossiles; ils alternent souvent avec des couches de silex ou de calcaires siliceux qui renferment quelques polypiers. L'épaisseur de cette formation varie entre 400 et 500 mètres, et les calcaires compactes occupent à peu près les deux tiers supérieurs, mais il est rare de l'observer ainsi dans tout son développement : la partie supérieure manque le plus souvent, d'autres fois elle existe seule, comme cela a lieu dans la vallée longitudinale entre Santiago et S. Felipe. Il est donc très-probable qu'il existe là plusieurs étages des terrains jurassiques, et peut-être même la partie inférieure des terrains crétacés, mais l'état morcelé de cette formation ne permet pas, quant à présent, d'établir ces subdivisions.

TERRAIN TERTIAIRE ET CRÉTACÉ SUPÉRIEUR.

La région située à l'ouest des Andes renferme deux espèces de terrains tertiaires : des couches lacustres et des formations marines. Ces dernières ne se montrent guère que dans la partie australe et à l'ouest de la chaîne maritime du Chili, où elles s'éloignent peu de la mer (*).

La partie supérieure est formée par des grès dont la stratification est peu apparente et qui, par les fossiles qu'ils renferment, paraissent se rapporter à la partie supérieure des terrains crétacés; c'est là, en effet, que l'on rencontre le baculites anceps associé avec le nautilus Valencienii, le cardium acuticostatum et la trigonia hanetiana; on y trouve aussi des dents d'odontaspis. Ces grès sont recouverts par des argiles avec empreintes végétales et des couches de lignites, puis par d'autres grès, et enfin par le terrain de transport représenté ici par des argiles grossières non stratifiées ou par des roches roulées. Ce terrain se montre échelonné sur toute la côte du Chili, formant de petits bassins situés près de l'embouchure des grandes rivières, depuis Mejillona jusqu'au golfe de Reloncavi; il se montre encore dans plusieurs îles de l'archipel de Chiloë; enfin on le rencontre au sud du détroit de Magellan, à l'est du prolongement des Andes qui traverse la Terre-de-Feu. Le terrain lacustre est beaucoup plus étendu; il occupe une grande partie du plateau bolivien, dans la plaine qui s'étend du lac de Titicaca à celui de Poopo; il reparaît dans le désert d'Atacama, où il occupe la partie supérieure de la vallée du rio Loa et les plaines où se trouvent les dépôts de sel gemme et de nitrate de soude. C'est encore lui qui remplit presque en totalité la grande vallée longitudinale du Chili, depuis Santiago jusqu'au golfe de

(*) Pl. IX.

Reloncavi (*). Ce terrain se compose à sa partie inférieure d'un grès argileux sans stratification apparente et assez semblable à celui qui renferme les baculites, puis viennent des couches alternantes de grès et d'argile; enfin un puissant dépôt de transport formé de roches arrachées à la chaîne des Andes vient recouvrir cette formation tant au Chili qu'en Bolivie. Des couches de lignite où l'on rencontre quelques empreintes végétales et des tiges de palmier s'y montrent près de Santiago, de Los Angeles, de Nacimiento, ainsi que dans la partie comprise entre le rio Bueno et le golfe de Reloncavi. Dans la vallée du rio Loa, ce terrain renferme, indépendamment des grès et des argiles, des couches de calcaire et de gypse. Les fossiles y sont très-rares; les marnes des environs de La-Paz contiennent quelques planorbes, et dans celles du Chili on ne trouve que des restes de végétaux; mais dans le limon qui remplit les cavités du terrain de transport, on a rencontré les restes du Mastodon Andium, ce qui suffit pour fixer l'âge de cette formation.

TERRAIN QUATERNAIRE.

Les couches tertiaires marines forment généralement des plateaux adossés aux derniers contre-forts de la chaîne maritime, et dont l'élévation est rarement au-dessous de 50 mètres. A un niveau inférieur, on remarque souvent des couches de sable coquillier qui viennent butter contre ces plateaux; c'est le terrain quaternaire qui se montre échelonné sur la côte du Chili depuis Talcuhuano jusqu'à Caldora; on le rencontre encore entre Mejillones et Antofogasta, ainsi que dans la plaine qui s'étend entre Arica et Tacna. On n'y rencontre généralement que des sables légèrement agglutinés dans lesquels se trouvent de nombreux bancs de coquilles; mais dans la plaine qui sépare les baies

(*) Pl. IX.

de Mejillones et d'Antofagasta, on peut y étudier la structure d'un fond de mer soulevé à une époque assez récente. La partie supérieure se compose encore de sable où l'on voit des bancs de moules et de pecten entièrement semblables à ceux qui vivent encore dans le fond de la baie de Mejillones. Au-dessous de ces sables viennent des gypses renfermant des amas de sel gemme, puis des grès coquilliers; enfin une couche siliceuse, espèce de tripoli, presque entièrement formée de débris d'animaux marins; on y remarque des épines d'oursins, des fragments de polypiers et différentes espèces d'infusoires. En suivant le terrain quaternaire depuis la côte jusque dans la vallée longitudinale, on peut reconnaître qu'il se confond avec le terrain de transport moderne qui occupe la partie inférieure de cette vallée.

On retrouve donc dans la chaîne des Andes le plus grand nombre des formations stratifiées de l'Europe; mais elles y sont groupées d'une manière différente, les grandes coupes y réunissant plusieurs formations qui sont ailleurs nettement séparées. C'est ainsi qu'au-dessus des schistes cristallisés vient un groupe qui représente à la fois les terrains carbonifères, dévoniens et siluriens. Les terrains permiens et le trias y sont assez nettement séparés; puis vient la grande formation calcaire qui renferme à la fois le terrain jurassique et une partie du terrain crétacé; enfin la partie supérieure de ce dernier terrain s'y confond avec la formation tertiaire.

ROCHES PLUTONIQUES.

On se ferait difficilement une idée exacte de la structure de la chaîne des Andes, si l'on ne tenait compte du rôle qu'y jouent les roches plutoniques; elles y occupent presque autant de place que les terrains stratifiés, et c'est à leur action à la fois mécanique et chimique qu'il faut attribuer la formation de ces montagnes remarquables ainsi que l'aspect particulier sous lequel s'y présentent les terrains sédimentaires. Ces roches y forment deux séries assez différentes, d'abord par leur composition, mais qui se rapprochent de plus en plus et finissent par se confondre dans les produits volcaniques. La première de ces séries est caractérisée par le granite, auquel succèdent par des passages insensibles les syénites, les porphyres quartzifères et les trachytes. La seconde a pour base le labradorite, auquel viennent s'associer successivement le mica, l'hipersthène et le pyroxène.

GRANITE.

Le granite forme dans le sud du Chili l'axe d'une partie de la chaîne maritime où il occupe une longue faille située entre les schistes cristallisés et le terrain silurien. La direction de cette faille, qui s'étend depuis la montagne de Nahuelvuta jusque dans la province de Curico, est en moyenne N. 26° E. C'est aussi la direction que suivent les strates redressées du terrain silurien et des schistes cristallisés. La masse granitique a pénétré ces strates et y envoie de nombreuses ramifications qui s'y montrent sous la forme de veines de quartz ou de pegmatite. Indépendamment de cette injection, il paraît que la roche de contact a été soumise à l'action d'un liquide siliceux ; les grès s'y sont changés en quartzites et les schistes en jaspes. Le granite se montre encore à l'ouest de la chaîne maritime près de la côte où il occupe des failles plus petites, mais qui ont la même orientation. On le rencontre aussi près de Concepcion, à l'embouchure du Bio-Bio et du Rapel ; enfin près de Valparaiso il occupe un espace assez étendu entre la rivière d'Aconcagua et la Viña del Mar. L'injection du granite correspond ainsi à la fin de la grande formation qui comprend les grès, les psammites et les schistes anthraciteux du Chili ; elle correspond aussi à la formation d'un système stratigraphique parallèle aux cordillères de la Colombie.

SYÉNITES.

Les syénites jouent au Chili un rôle beaucoup plus important que le granite. On les rencontre vers le détroit de Magellan, où elles forment les sommets les plus élevés de cette partie des Andes; on les retrouve dans la même position près du volcan d'Osorno et elles forment probablement l'axe des Andes depuis ce point jusqu'à l'extrémité sud du continent. Au nord d'Osorno elles continuent à former l'axe de cette chaîne jusqu'au volcan de Pangui-Pulli. Elles reparaissent ensuite de distance en distance, soit sur l'axe des Andes, soit sur les deux versants où elles remplissent de longues failles dirigées du sud au nord avec une faible inclinaison vers le nord-est. Au nord du 34e degré elles apparaissent également dans la chaîne maritime et continuent à se montrer ainsi jusque dans le désert d'Atacama; enfin on les retrouve près de la Paz, où elles traversent la chaîne orientale des Andes. Ces roches ont injecté les couches du grès rouge qui à leur contact a été changé en porphyre; elles paraissent se rapporter à différentes époques, car dans quelques conglomérats du grès rouge on rencontre des fragments roulés de syénite, tandis que dans d'autres parties on la voit injectée dans ces mêmes conglomérats. Les syénites du Chili présentent d'ailleurs un grand nombre de variétés qui paraissent être en rapport avec leur âge. Les plus anciennes ne diffèrent guère du granite que par la présence de l'amphibole; les variétés plus récentes ne renferment presque point de quartz ni de mica; souvent l'amphibole disparaît et la roche ne présente plus qu'une masse de feldspath à très-petits cristaux qui forme le passage entre les syénites et les porphyres quartzifères. C'est ainsi qu'elle se présente dans le nord du Chili et le désert d'Atacama. L'orientation moyenne des failles occupées par les syénites correspond exactement à celle de la chaîne des

Andes chiliennes. La première ébauche de cette chaîne a donc eu lieu pendant le dépôt du grès rouge; les syénites devaient arriver à la surface en suivant une grande déchirure de la même manière que l'on voit les centres d'éruption volcaniques se déplacer en suivant une même ligne ou des fentes parallèles, qui probablement se communiquent dans la profondeur.

PORPHYRES QUARTZIFÈRES.

Les porphyres quartzifères se composent d'une masse pétro-siliceuse dans laquelle se trouvent implantés des cristaux de quartz affectant la forme bipyramidale. On les rencontre dans la Bolivie, où ils percent de distance en distance soit à la base de la chaîne orientale, soit sur l'axe de la grande plaine qui s'étend entre les lacs de Titicaca et de Pocopo où ils forment les montagnes de Sicasica, d'Oruro et de Potosi, célèbres par leurs mines d'argent. Au Chili, ces porphyres sont beaucoup plus rares, et ne se montrent que dans le nord ; on les rencontre sur le plateau de Tres-Puntas, à Chanarcillo, au Cerro-Blanco et dans la chaîne qui ferme à l'ouest la vallée de Manflas. Les rapports de ces roches avec les terrains stratifiés leur assignent une origine plus récente que celle des syénites ; près de La-Paz elles coupent les couches du grès rouge et du trias ; près de Chanarcillo elles ont redressé les couches du calcaire compacte qui forment la partie supérieure du terrain jurassique. L'orientation des couches redressées, ainsi que celle des masses porphyriques tant au Chili qu'en Bolivie est parallèle à celle de la chaîne orientale des Andes. C'est-à-dire N. 57° O. rapportée au méridien de l'Illimani; c'est donc vers la fin des dépôts jurassiques qu'il faudrait rapporter le soulèvement de cette chaîne ou plus exactement le redressement des couches suivant la direction N.-N.-O. ; car les Andes orientales, de même que celles du Chili, sont le résultat de plusieurs soulèvements qui se sont superposés.

TRACHYTES.

Les trachytes des Andes sont loin de présenter la même uniformité que les porphyres quartzifères; le nombre des variétés est au contraire très-considérable et ils varient non-seulement de structure, mais encore de composition. Quelques-uns ont la compacité des porphyres et renferment même, comme ces derniers, des cristaux de quartz de telle sorte que ces deux roches paraissent se confondre; mais le quartz affectant la même forme se montre encore aussi dans des trachytes très-poreux et même dans des ponces; il ne peut donc y avoir confusion à cet égard. Les trachytes les plus anciens sont d'ailleurs plus récents que les porphyres quartzifères; ils coupent ces roches à Oruro et Potosi, et c'est à leur action que l'on doit la transformation des porphyres en roches quartzeuses remplies de cavités provenant de la destruction du feldspath.

Bien qu'il soit presque impossible de fixer l'âge des plus anciens trachytes, il est constant que beaucoup d'entre eux sont antérieurs aux dépôts lacustres du Chili et de la Bolivie, où l'on voit les couches de ces dépôts venir buter contre les masses trachytiques sans perdre leur horizontalité; et l'on est porté à croire qu'ils ont été injectés pendant toute la période tertiaire. Pour arriver à la surface, les roches trachytiques ont suivi la même voie que les syénites; les failles remplies par ces dernières roches ont été agrandies, et le sol soulevé de nouveau; c'est à cette époque que correspond le soulèvement principal des Andes chiliennes, et c'est pour la première fois que l'on voit les masses plutoniques arriver à la surface accompagnées de fluides élastiques dont l'existence est attestée par la grande quantité de matières projetées qui se montrent dans le voisinage des masses trachytiques. Les variétés les plus récentes des trachytes sont les phonolites; ces roches se montrent dans les grands centres volcaniques, où elles sont disposées par nappes qui alternent avec des couches de conglomérats : c'est ainsi qu'elles se montrent au Tacora, dans les groupes volcaniques du Descabezado, de Chillan et d'Antuco. Elles apparaissent aussi dans la vallée longitudinale du Chili, où elles se présentent en dykes qui forment le sommet des montagnes isolées que l'on aperçoit de distance en distance dans toute la longueur de cette vallée. Les phonolites appartiennent encore à une époque antérieure au dépôt des dernières couches tertiaires ; on en rencontre de nombreux fragments dans les roches roulées qui forment le terrain de transport ancien.

LABRADORITE.

Les roches les plus anciennes de la seconde série paraissent se rapporter à la même époque que les syénites ; elles forment des dykes au milieu du terrain silurien et du grès rouge, dont elles ont également redressé les couches dans la direction du nord, 8° à 9° est. Leur aspect est celui des granites ; seulement leur couleur est plus sombre ; elles sont formées presque entièrement de labradorite auquel viennent s'associer le mica et une quantité assez grande de fer titanifère. Ces roches se rencontrent principalement dans la Bolivie et la partie nord du Chili ; elles forment presque tous les récifs de la côte entre Arica et le port de Caldéra ; on les retrouve encore près de Chanaral, mais elles ne se montrent plus au sud du 30e degré, si ce n'est en dykes de peu d'épaisseur comme on les voit près de Valparaiso et de S. Antonio.

HYPERSTHÉNITE.

Dans le second type de cette série le labradorite s'associe à l'hypersthène ; on n'y retrouve plus de mica, mais le fer titanifère continue à s'y montrer ; on y remarque même quelquefois de la pyrite et quelques traces de cuivre. Ces roches se présentent en dykes souvent d'une grande puissance ; ils sont orientés à très-peu près de l'est à l'ouest, et traversent dans cette direction le terrain silurien, le grès rouge et les syénites, tandis qu'ils n'ont jamais été observés dans le trias ou dans les formations plus récentes.

PORPHYRE AUGITIQUE.

Le porphyre augitique se rattache d'une part à l'hypersthénite et de l'autre au phonolite ; dans quelques variétés, le labradorite s'y présente en larges facettes, et c'est seulement par la présence du pyroxène que ces roches se différencient de l'hypersthénite. D'autres variétés présentent une masse compacte composée de cristaux microscopiques ; sa composition correspond à un mélange d'oligoclase, et de labradorite, et lorsque les cristaux de pyroxène y deviennent rares, on les confond avec le phonolite.

Les porphyres augitiques sont du même âge que les trachytes ; ils forment des dykes qui affectent la même orientation. On les rencontre généralement dans les formations du grès rouge, du trias et dans le terrain jurassique, tandis qu'ils manquent dans le terrain silurien et les schistes cristallisés.

ROCHES VOLCANIQUES.

La fin de la période tertiaire a été caractérisée dans les Andes par des phénomènes d'une intensité remarquable. Les larges failles par lesquelles les syénites et les trachytes s'étaient frayé un passage se sont ouvertes de nouveau et ont projeté à de grandes distances des matières meubles composées de ponces, de cristaux microscopiques de feldspath mélangés aux débris des roches sous-jacentes. Ces conglomérats ponceux recouvrent de vastes surfaces, tant à l'est qu'à l'ouest de la chaîne des Andes chiliennes ; ils forment la base qui supporte les cônes volcaniques voisins du Tacora et du Saajama, près de La-Paz, ils forment une couche très-régulière de 4 à 5 mètres d'épaisseur qui est recouverte par le terrain de transport. On les rencontre dans la même situation dans la plaine qui s'étend entre Arica et Tacna. Au Chili, on les rencontre sur les plateaux qui supportent les volcans du Descabezado, du Maule et d'Antuco ; enfin ils reparaissent dans la vallée longitudinale près de Santiago, dans la plaine de Talca et dans l'Araucanie. En même temps que ces matières étaient projetées, les masses fluides qui ont produit les rétinites et les obsidiennes arrivaient à la surface. Ces roches forment de puissants dykes orientés à peu près nord-sud ; elles correspondent au maximum de l'intensité volcanique et à la grande débâcle qui a produit le terrain de transport.

En suivant la marche de ce terrain depuis les hautes vallées des Andes jusqu'à l'entrée de la plaine sur laquelle il s'est étendu, on reconnaît que seulement des pluies torrentielles ou la fonte rapide des neiges qui couvraient les cîmes des Andes ont pu transporter à d'aussi grandes distances cette énorme quantité de débris dont une partie est arrivée jusqu'à la mer. C'est aussi vers ce même temps qu'ont eu lieu les derniers soulèvements qui ont achevé de façonner le relief de la chaîne des Andes chiliennes.

A partir de cette époque, les grandes failles par où s'échappaient les rétinites s'obstruent peu à peu, les communications avec l'intérieur se réduisent à quelques ouvertures par lesquelles les fluides élastiques projettent les scories qui forment les cônes volcaniques. Les matières fluides qui s'échappent de ces cônes sont les mêmes ; toutes les laves récentes des volcans des Andes ont pour base le rétinite; tantôt il s'y montre seul, d'autres fois il enveloppe une grande quantité de cristaux feldspathiques; avec le temps et sous l'influence de l'atmosphère, ce rétinite perd sa structure vitreuse, les variétés compactes se changent en phonolite et celles où les cristaux de feldspath abondent deviennent des trachytes. Partout où il a été possible d'observer les roches qui supportent immédiatement les cônes des Andes, on a reconnu qu'elles faisaient partie de dykes d'obsidienne ou de rétinite; c'est ce qui se vérifie pour le Descabezado, le volcan de Chillan et celui d'Antuco. Les volcans de la partie des Andes située au sud du 16e degré sont groupés dans deux régions séparées entre elles par un intervalle assez considérable; la première correspond au plateau bolivien, elle comprend d'abord les groupes du Tacora et du Saajama; en avançant vers le sud on rencontre successivement les volcans de Minio, Polapi, Carcanal et S. Pedro, situés au nord de Calama, puis le Licancahur qui s'élève à l'est du village d'Atacama et en suivant la chaîne des Andes, qui dans cette partie se détache du plateau bolivien, on rencontre successivement les volcans de Lascar, Pular, Llullaillaco et Damjnez. Ce dernier situé par le 26e degré forme la limite de la première région; depuis ce point jusqu'au 34e degré on ne rencontre plus aucune montagne volcanique. Celles de Coquimbo, de Limari, de Chuapri (Choapa), d'Aconcagua, citées dans le cosmos de M. A. de Humboldt, sont formées de roches sédimentaires. Près du 34e degré s'élève le groupe des volcans de Maipo auquel succèdent en avançant vers le sud les volcans de Tinguiririca, Peteroa, Descabezado, Maule, Longavi, Chillan, Antuco, Callaqui, Lonquimai, Yaimas, Villarica, Quetropillau, Lajara, Osorno et Calbuco. Au sud de ce dernier la chaîne des Andes est encore entièrement inexplorée; on considère cependant comme des montagnes volcaniques le Yanteles, le Minchimadom et le Corcovado.

DÉPÔTS MÉTALLIFÈRES.

Les dépôts métallifères de la région des Andes sont constamment en rapport avec les roches plutoniques; de même que les derniers symptômes de l'action volcanique se manifestent par des sources thermales qui déposent sur leur trajet les matières qu'elles tenaient en dissolution; il paraît qu'à la suite de l'injection de chaque masse plutonique, des matières fluides ou gazeuses ont déposé les combinaisons métalliques dans les vides laissés entre ces masses et la roche encaissante.

Si l'on excepte les dépôts d'ailleurs très-pauvres en combinaisons métalliques que produisent encore les eaux thermales, les plus récents se rapportent à l'injection des roches trachytiques anciennes; ce sont ceux qui renferment l'argent et dans lesquels se rencontre aussi le plus grand nombre de métaux différents. Ils sont en rapport avec les trachytes ou les porphyres augitiques et se présentent sous la forme de filons placés sur le prolongement ou les côtés des dykes formés par ces roches ou bien sous celle d'amas irréguliers traversés par une infinité de petites veines métallifères. Les matières qui accompagnent les combinaisons métallifères sont le quartz, le calcaire spathique, le carbonate double de chaux et de manganèse, la barytine et quelquefois la prehnite et les zéolites; quant aux métaux qui s'y rencontrent, ce sont l'argent, le mercure, le plomb, le bismuth, l'antimoine, le cuivre, le nickel, le cobalt, la manganèse et le fer. L'étude de quelques localités laisse entrevoir l'origine des matières qui constituent ces dépôts. C'est ainsi qu'en suivant le dyke de porphyre augitique qui occupe le fond de la vallée de la Marqueza, près de Coquimbo, on voit qu'en approchant des roches de contact, ce porphyre se change graduellement en amygdaloïde ; les sphéroïdes sont d'abord très-petits et ils vont en augmentant de volume près des surfaces de séparation, comme cela aurait lieu pour des bulles de gaz soumises à une pression décroissante. Les matières qui forment ces géodes sont d'ailleurs les mêmes que l'on rencontre dans les filons argentifères, c'est-à-dire le quartz, le spath calcaire, le double carbonate de chaux et de manganèse, la prehnite et les zéolites ; on y trouve aussi quelquefois des filets d'argent natifs ; près de l'origine de la vallée, le porphyre augitique disparaît sous des roches modifiées ; ces roches sont divisées en gros fragments et forment comme une brèche dont les parties sont cimentées par les mêmes matières qui constituent les géodes de l'amygdaloïde. Enfin en remontant encore on voit ces petites veines de calcaire, de quartz et de prehnite se réunir pour former les filons qui sont exploités aux mines de Rodaïto. La mine de San Antonio, dans la vallée de Copiapo, donne lieu à des remarques à peu près semblables ; ici le trachyte remplace le porphyre augitique; il n'y a point d'amygdaloïdes, mais au contact du trachyte et de la roche encaissante on retrouve la même disposition ; ce sont encore des fragments anguleux de trachyte et de roches sédimentaires reliés entre eux par la silice et le calcaire, et c'est dans l'espèce de réseau que forment ces corps que l'on rencontre l'argent bismuthal, le bismuth natif et l'arséniure de cuivre. Tout semble donc indiquer que les matières métalliques étaient chassées de la masse trachytique en même temps que l'eau qui tenait en dissolution la silice et les carbonates calcaires.

Dans les filons qui ont été reconnus jusqu'à une grande profondeur, on remarque que les combinaisons métalliques y sont disposées dans un certain ordre ; les chlorures, bromures et iodures occupent toujours la partie supérieure où ils sont associés avec l'argent natif. En descendant plus bas, on rencontre les sulfo-arséniures et sulfo-antimoniures. C'est aussi à cette hauteur qu'apparaissent le mispickel, le nickel et le cobalt ; plus bas encore, l'arsenic et l'antimoine disparaissent, le soufre forme presque seul toutes les combinaisons, et c'est à cette profondeur que se rencontrent ordinairement la galène et la blende. En même temps que ces combinaisons se succèdent, des changements non moins remarquables s'observent dans les matières qui forment la gangue des filons ; vers la partie supérieure, ce sont le spath brunissant, les oxydes de fer et de manganèse qui dominent ; puis ils sont remplacés par le calcaire spathique, la barytine et le quartz, et c'est ce dernier corps qui domine dans la partie inférieure. Cette disposition est générale pour tous les filons qui traversent une grande épaisseur de couches, comme on peut le vérifier à Tres-Puntas, à Charnarcillo et à Arqueros. Dans les parties où la masse plutonique se trouve plus rapprochée, on ne rencontre que des sulfures ou des arséniures ; c'est le cas des mines de San Antonio, de celles des environs de Santiago et du plus grand nombre de celles de la Bolivie.

Les dépôts de cuivre appartiennent à deux époques ; les plus anciens se rapportent aux hypersthénites. On a déjà vu que cette roche contenait beaucoup de fer titanifère et quelques particules de pyrite ; ce sont ces substances qui forment sur les côtés où le prolongement des dykes d'hypersthénite des filons qui atteignent souvent une grande puissance ; ils sont formés de quartz, de fer oxydulé, de pyrite et de cuivre jaune ou panaché ; on y rencontre aussi quelquefois de l'or et du sulfure de molybdène ; mais l'argent, le plomb, le nickel et le cobalt y manquent absolument. Les mines du Chili qui se trouvent situées dans la chaîne maritime appartiennent en général aux dépôts de cette époque : telles sont celles de Calleo, de Catemus, de Panulcillo, du Brillador et de la Higuera.

Les dépôts cuivreux d'origne plus récente se rapportent aux porphyres augitiques et présentent, quant à leur composition, la plus grande ressemblance avec les dépôts argentifères. C'est là en effet que l'on rencontre les chlorures, les oxychlorures, le cuivre natif et l'oxydule de ce métal. Ces combinaisons occupent la partie supérieure des filons où elles sont associées avec le sulfure et l'arséniure de cuivre ; plus bas on rencontre les pyrites violettes ou panachées.

Les porphyres augitiques ne sont point toujours accompagnés de dépôts cuivreux. On se rappelle que l'orientation des dykes d'hypersthénite est à peu près perpendiculaire à celle des masses de porphyre augitique ; or c'est presque toujours au point d'entre-croisement des lignes stratigraphiques qui se rapportent à ces deux systèmes que se rencontrent les dépôts cuivreux, ce qui porte à croire qu'ils proviennent de dépôts plus anciens, que les masses porphyriques auraient rencontrés sur leur passage. Cette opinion prend d'autant plus de vraisemblance que l'on rencontre dans ces dépôts moins anciens presque tous les métaux qui accompagnent l'argent et qui appartiennent exclusivement aux porphyres augitiques et aux trachytes. Aussi est-ce dans la vallée longitudinale et dans la chaîne des Andes, là où abondent les roches trachytiques, que l'on rencontre les cuivres gris, l'énargite, l'oxydule et les chlorures de ce métal.

Les roches plutoniques plus anciennes que l'hypersthénite sont pauvres en métaux ; les porphyres quartzifères paraissent être en rapport avec quelques filons stanifères de la Bolivie, tels que ceux d'Oruro, de Sorazora et d'Antequera.

Quant aux granites et aux syénites, les veines de quartz qu'ils envoient dans les roches stratifiées ne contiennent guère que de la pyrite, de l'or et du titane rutile. C'est donc à partir de l'injection des trachytes que les métaux se montrent en plus grande abondance, et ils deviennent de plus en plus rares à mesure que l'on se reporte à des époques plus reculées.

Un autre fait paraît ressortir de l'étude des roches plutoniques dans leurs rapports avec les terrains sédimentaires, c'est la température de moins en moins élevée des masses qui ont formé ces roches à mesure que l'on remonte vers les temps primitifs. L'arrivée à la surface des laves et des trachytes y est toujours signalée par une puissante expansion de fluides élastiques qui s'échappent de ces masses et en projettent au loin la matière sous forme de scories. Les porphyres augitiques présentent encore ce caractère dans les amygdaloïdes qui se forment à leur surface et au contact de roches encaissantes ; mais dès que l'on arrive aux porphyres quartzifères, aux hypersthénites, aux syénites et aux granites, on ne trouve plus rien qui rappelle la fluidité des laves ni l'énorme quantité de matière projetée par l'expansion des vapeurs ou des gaz.

EXPLICATION DES PLANCHES.

PLANCHE IX.

Carte géologique de la chaîne des Andes et de la région située à l'ouest, depuis le 22e degré de latitude sud jusqu'au 42e à l'échelle de $\frac{1}{5.000.000}$.

A cause de la petitesse de l'échelle, on n'a pu figurer sur cette carte que les terrains qui occupent une certaine étendue ; ainsi les dykes de porphyre quartzifère, ceux des roches de labradorite et d'hypersténite n'ont pu être indiqués. Pour y suppléer, on a tracé les arcs de grands cercles qui donnent leur orientation ; ils sont rapportés au sommet de l'Aconcagua. Celui de ces arcs qui est désigné sous le nom de *système chilien* suit avec un parallélisme remarquable la chaine des Andes chiliennes, depuis le détroit de Magellan jusqu'à l'Aconcagua ; plus loin, vers le nord, il passe par le sommet de l'Illimani.

Le système colombien, qui se rapporte à l'orientation du granite, est aussi sensiblement parallèle aux cordillères de la Colombie depuis Payta jusqu'à Caracas.

Le système péruvien reproduit la direction des porphyres quartzifères ; il est parallèle aux Andes du Pérou et de la Bolivie, ainsi qu'à l'arc qui passerait par l'Illimani et le Chimbozazo.

Afin de pouvoir comparer l'orientation de ces cercles avec ceux du réseau pentagonal, on a également tracé les cinq cercles primitifs qui passent par le centre du pentagone du Chili.

PLANCHE X.

La Pl. X contient deux coupes géologiques : l'une du plateau bolivien suivant une ligne passant par Arica et La Paz; l'autre du Chili passant par Talcahuano et le volcan d'Antuco. La première de ces coupes est à l'échelle de $\frac{1}{1.000.000}$; la seconde à celle de $\frac{1}{500.000}$; afin de rendre sensible l'épaisseur des formations, on a choisi pour les hauteurs une échelle décuple de celle des distances; enfin on a indiqué dans chacune d'elles le niveau de la ligne de thalweg qui forme ainsi la limite inférieure des terrains observés, et c'est seulement au-dessus de cette limite que les inclinaisons des strates et les rapports des différents terrains ont été nettement indiqués.

Extrait des *Annales des mines*, tome III, 1873.

1966. Paris. — Imprimerie Arnous de Rivière et Cᵉ, rue Racine, 26.

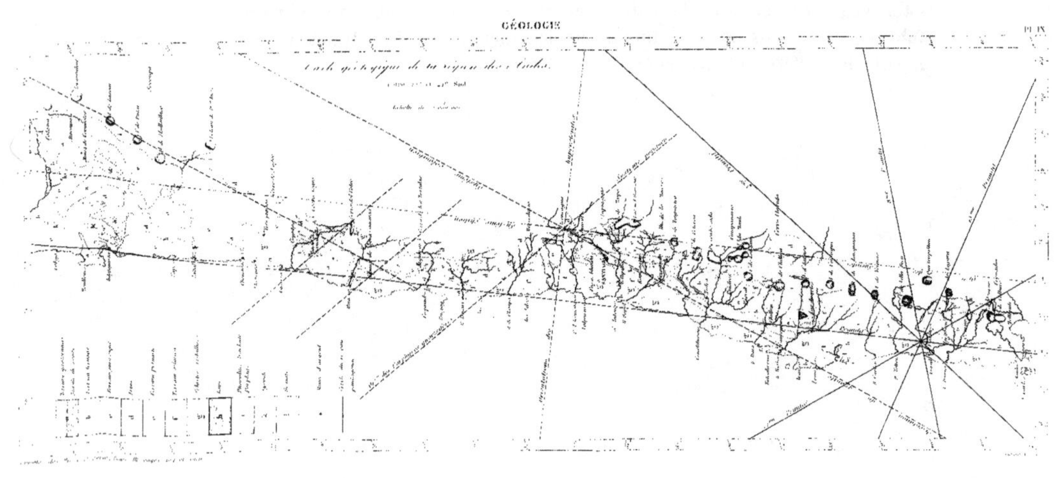
GÉOLOGIE
Pl. IX

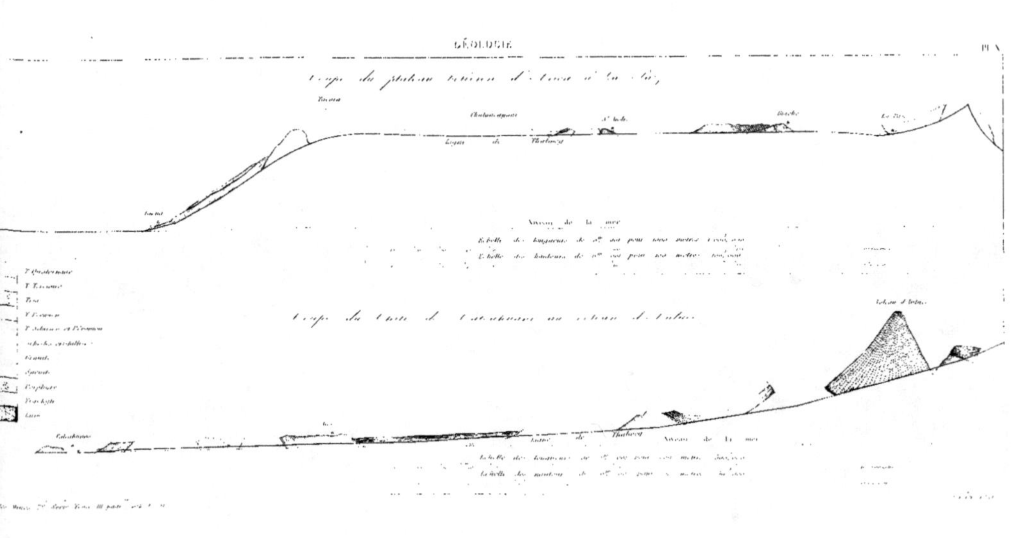

ON TROUVE A LA MÊME LIBRAIRIE :

1966. Paris. — Imprimerie Arnous de Rivière et Cie, rue Racine, 26.

www.ingramcontent.com/pod-product-compliance
Lightning Source LLC
LaVergne TN
LVHW050505160826
845677LV00003B/957

* 9 7 8 2 3 2 9 6 4 9 5 2 8 *